1 Zirkumpolare Sternbilder

Großer Bär

Kleiner Bär
Kassiopeia
Drache

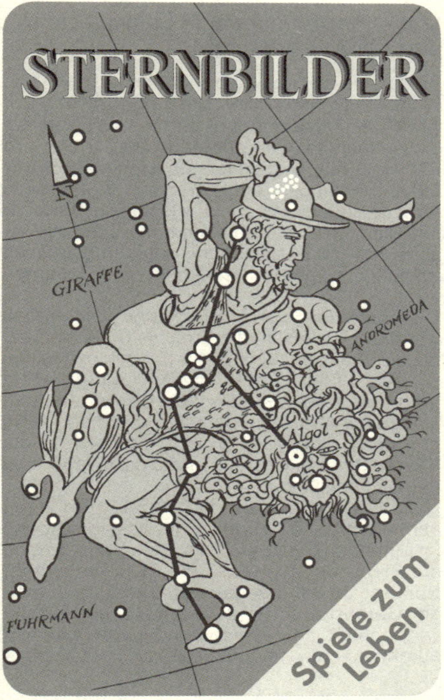
STERNBILDER
GIRAFFE
ANDROMEDA
Algol
FUHRMANN
Spiele zum
Leben

Liebe Freunde unseres Lehrquartetts und der Astronomie!

Zu der uns umgebenden Natur gehört auch das Weltall mit seinen Himmelskörpern. Schon seit den frühesten Zeiten hat der gestirnte Himmel die Aufmerksamkeit der Menschen erregt.
Alte Inschriften bezeugen, dass man schon vor 5.000 Jahren über die Bewegung der Planeten (Wandelsterne) Bescheid wusste. Die Astronomie (Himmelskunde) ist eine der ältesten Wissenschaften. Bereits in der sog. Jungsteinzeit richtete man große Steine noch den Gestirnen aus.
Die Vorstellung von der Erde und dem Weltall war damals einfach: die Erde als Scheibe, über die sich halbkugelförmig der Himmel mit seinen Sternen wölbte. Etwa vor 2.500 Jahren lehrte man die Kugelgestalt unserer Erde, die man sich in der Mitte des Weltalls vorstellte. Bis in das späte Mittelalter erklärte man sich so die Beschaffenheit des Alls und die Bewegungen der Himmelskörper.
Nicolaus Copernicus (1473-1543) brach mit dem alten Weltbild und lehrte, dass die Sonne im Mittelpunkt des Weltalls stehe, um die sich die Planeten, also auch die Erde, bewegen. Nur langsam und gegen den Widerstand einiger Gelehrter sowie der katholischen Kirche vermochte sich das neue und wahre Weltbild durchzusetzen. Im Jahr 1610 richtete Galileo

Galilei (1564-1642) das erste Fernrohr zum Himmel, die wissenschaftliche Astronomie hatte begonnen. Immer mehr "Fenster" zum Weltall wurden geöffnet, immer weiter ist der Mensch in seinem Forscherdrang in die unermesslichen Weiten des Kosmos vorgestoßen.
Mit Beginn der Raumfahrt im Jahr 1957 setzte eine völlig neue Entwicklung der astronomischen Forschung ein. Was viele noch für unmöglich hielten, am 12. April 1961 umkreiste ein Mensch unsere Erde – Juri Gagarin. Die Raumfahrt nahm mit ihren Sonden zum Mond und zu den fernen Planeten eine rasante Entwicklung. Raumstationen erkunden unseren Blauen Planeten Erde. Ihre Ergebnisse dienen der Wissenschaft, der Wirtschaft, dem Militär und der Umwelt.
Heute sind uns die Beschaffenheit des Mondes und der Planeten sowie ihrer Monde bekannt, welche mit Fernrohren nicht zu erkunden sind. Mit Hilfe von Riesenfernrohren und Radioteleskopen drang der menschliche Forschergeist immer weiter in unvorstellbare Räume vor. Das die Erde umkreisende Hubble-Teleskop eröffnet uns faszinierende Weiten des Kosmos mit einzigartigen Bildern; Ergebnisse, die von der Erde aus mit ihrer Lufthülle nicht möglich sind. Zu allen Zeiten gab es auch Freunde und Liebhaber der Astronomie, die sich am gestirnten Himmel erfreuten, ihn beobachteten und stu-

dierten. Jeder von uns kann den Kosmos auf seine Weise erobern. Dabei denken wir nicht an Raketen und Raumschiffe, sondern an das geistige Erobern durch Wissen und Kenntnisse. Astronomisches Wissen gehört heute zum Allgemeinwissen eines jeden Menschen. Mit Hilfe von Büchern, Sternkarten oder eines Fernrohres – allein oder auch in einer Arbeitsgemeinschaft der Schule – können wir in die fernen Weiten des Kosmos vordringen.
Computerprogramme und Internet bieten vielfache, interessante Möglichkeiten, sich mit den fernen Welten über uns zu beschäftigen.
Der erste Schritt dazu ist immer das Kennenlernen unseres Sternhimmels mit seinen hellen Sternen und Bildern. Zuerst müssen wir uns am Himmel zurechtfinden: Wo und wann können bestimmte Gebiete und Objekte am Sternhimmel beobachtet werden. Das Lehrquartett "Sternbilder" soll dafür eine Hilfe sein, um spielend und unterhaltend die "Gemäldegalerie" des Sternhimmels kennenzulernen.

Was sind Sterne?

Der weitaus größte Teil der Lichtpunkte am Himmel sind Sterne, ferne, selbstleuchtende, heiße und gewaltige Kugeln aus Gas. Einige dieser Lichtpunkte sind Planeten ("Wandelsterne"), dunkle Himmelskörper, die ihr Licht

von der Sonne *erhalten und – wie die Erde –* diese umkreisen. Die Planeten bewegen sich vor den Sternbildern und verändern beständig ihre Stellung am Himmel. Zu ihnen gehören: Merkur, Venus, Mars, Jupiter und der Ringplanet Saturn. Die fernen Planeten Uranus, Neptun und Pluto wurden erst später mit Hilfe des Fernrohres entdeckt.
Unser Lehrquartett beschäftigt sich ausschließlich mit den Sternen, mit selbstleuchtende Himmelskörpern. Jeder Stern ist mit einer Sonne zu vergleichen, die Licht und Wärme ausstrahlt, jedoch so weit von uns entfernt ist, dass wir nur ein winziges Lichtpünktchen sehen können. Die Temperaturen der Sterne sind sehr unterverschiedlich: Bei den rötlichen Sternen beträgt sie "nur" rund 3.000 °C, bei den bläulichweißen 25.000 °C. Unsere Sonne erscheint gelb. Ihre Oberflächentemperatur liegt bei 6.000 °C. Im Vergleich zu unserer Sonne weisen die Sterne sehr große Unterschiede auf. Es gibt Riesensterne, die den 400-fachen Durchmesser unserer Sonne haben. Ihre Gasdichte dagegen ist mit dem millionsten Teil unvorstellbar gering. Zwergsterne von der Größe der Planeten verfügen über eine große Dichte. Ein Stück von ihnen in der Größe einer Streichholzschachtel würde auf der Erde mehrere Tonnen wiegen. Auch die Leuchtkraft (Strahlungsleistung) der Sterne ist sehr verschieden. Sterne mit einer

1.000-fachen Sonnenleuchtkraft sind mit einem starken Scheinwerfer zu vergleichen. Dagegen gibt es auch richtige "Glühwürmchen" unter ihnen, die nur den zehntausendsten Teil der Sonnenleuchtkraft besitzen.
Wir sehen am Himmel nur die scheinbare Helligkeit der Sterne. Ein lichtschwacher Stern kann in Wirklichkeit eine Riesensonne sein, während ein kleiner Stern wegen der geringen Entfernung uns hell erscheint. Ein Teil der Sterne sind Doppel- oder Mehrfachsterne. Es ist sehr wahrscheinlich, dass ähnlich unserem Sonnensystem viele Sterne von Planeten umkreist werden. Die Energieerzeugung der Sterne erfolgt durch die Verwandlung von Wasserstoff in Helium, wobei im Innern Temperaturen von mehreren Millionen Grad entstehen.
In sehr langen Zeiträumen entwickeln und verändern sich die Sterne. Am Himmel erblicken wir daher Sterne verschiedenen Alters.
Im Vergleich zu unserem Sonnensystem handelt es sich bei der Welt der Sterne um riesige Körper und Entfernungen. Stellen wir uns einmal die Sonne als einen Stecknadelkopf von 1,5 mm Durchmesser vor. Im Umkreis von ca. 15 cm würde die Erde kreisen. Der Riesenplanet Jupiter wäre ein winziges Stäubchen in fast 80 cm und der äußerste Planet Pluto in 6 m Entfernung von der Sonne. Der nächste Stern, alfa im Sternbild Centaurus – unsere Nachbar-

sonne –, wäre ein Stecknadelkopf erst in 43 km Entfernung. Alle übrigen Sterne sind viel weiter entfernt, so dass wir uns bei unserem Beispiel Kugeln verschiedener Größe (Erbsen, Tischtennisbälle usw.) in Prag, Warschau, Moskau oder im Fernen Osten vorstellen müssen.

Bilder am Himmel

In der Frühzeit der menschlichen Gesellschaft wusste man nichts von Gaskugeln, Leuchtkräften, Riesen- und Zwergsternen. Die Menschen erblickten in ihrer Phantasie am Himmel Abbilder von göttlichen Wesen, Menschen, Tieren und Gegenständen. Allabendlich erschien am Firmament ein großes Bilder- und Sagenbuch. Wir können feststellen, dass die Verteilung der Sterne nicht gleichmäßig ist. Oft sieht man eine Anzahl von Sternen zu einer Gruppe oder zu einer Figur (Dreieck, Viereck) vereint. Die Anfänge der Sternbilder gehen auf die Chaldäer und Babylonier vor rund 3.000 Jahren zurück. Die meisten heute bekannten Sternbilder entstammen der griechischen Sagenwelt. Hellere Sterne haben ihre Eigennamen. Viele wurden aus der Blütezeit der arabischen Astronomie vor rund 1.000 Jahren überliefert (z.B. Wega, Rigel).
Andere dagegen tragen griechische Bezeichnungen (z.B. Prokyon) oder stammen aus dem

Lateinischen (z.B. Regulus, Sirius). Alte Sternkarten zeigen noch die Bilderwelt des Sternhimmels. In den heutigen Abbildungen werden lediglich noch die Verbindungslinien zwischen den Sternen, die Figurenlinien, dargestellt. Die Sternbilder sind gute Hilfen zur Orientierung am Sternhimmel. Die Wissenschaftler bezeichnen die Sterne mit griechischen Buchstaben oder mit einer Zahl. Die Lage eines Sternes kann mit Hilfe eines Gradnetzes am Himmel eindeutig festgelegt werden.

Was ist eigentlich ein Sternbild?

Von jedem Bild wissen wir, dass es auf einer Fläche dargestellt ist. Für ein Sternbild trifft dies jedoch nicht zu. Die Sterne sind sehr unterschiedlich weit von unserer Erde entfernt. Deshalb hätten Entfernungsangaben in Kilometern keinen Sinn. Denn unter einer Zahl mit zwanzig oder dreißig Nullen können wir uns nichts vorstellen. Darum dient für die Entfernungen der Sterne die Lichtgeschwindigkeit als "Messstrecke". Der Lichtstrahl legt in einer Sekunde 300.000 km zurück (7 $^1/_2$-mal um den Erdäquator). So benötigt das Licht von unserem Nachbarn im Weltall, dem Mond, nur 1 $^1/_4$ Sekunden, von der Sonne 8 $^1/_3$ Minuten und von unserem Nachbarstern bereits 4,3 Jahre. Ein Lichtjahr ist hier eine Entfernungsangabe

und kennzeichnet die riesige Strecke, die das Licht in einem Jahr (31,5 Millionen Sekunden) zurücklegt.
So müssen wir uns die Anordnung der Sterne eines Sternbildes räumlich vorstellen. In Wirklichkeit haben die Sterne nichts miteinander zu tun. Nur von unserem Sonnensystem aus gesehen, erblicken wir die betreffende Figur am Himmel.

Das Lehrquartett "Sternbilder"

Unser Quartett soll helfen, sich unter den 5.000 Sternen, die wir mit bloßen Augen bestenfalls sehen können, zurechtzufinden. Jeweils rund 2.500 befinden sich über dem Horizont.
Insgesamt gibt es 88 Sternbilder, von denen in Mitteleuropa 52 sichtbar sind. Wir haben 32 Sternbilder (8 Einzelquartette) ausgewählt, die man gut beobachten kann.
Die Sterne sind entsprechend ihren Helligkeiten am Himmel abgebildet. Die hellsten Sterne gehören zur Helligkeitsklasse 0 (z.B. Rigel, Atair). Der Polarstern ist ein Stern der 2. Klasse. Und die Sterne der 5. Klasse kann man unter günstigen Bedingungen gerade noch erkennen.
Die Quartettkarten enthalten noch die Figurenlinien sowie das Bild, wie es sich die Menschen früherer Zeiten vorgestellt hatten. Am Kartenrand befinden sich Hinweise auf die Nachbar-

sternbilder. Für diejenigen, die schon Bescheid über das Gradnetz am Himmel wissen, sind Angaben über die Deklination und Rektaszension sowie über den Himmelsäquator und die Ekliptik des Sternenfeldes angebracht. Somit ist jedes Kartenblatt ein kleiner Teil aus der großen Sternkarte des Himmels.

Wie finden wir uns am Sternhimmel zurecht?

Es genügt nicht, die Sternbilder zu kennen. Man muss auch wissen, wann und wo diese zu finden sind, d.h. wir müssen auch die *Bewegungen* der scheinbaren Himmelskugel kennen.

Erste Bewegung

Infolge der wahren (wirklichen) Drehung der Erde um die eigene Achse (Rotation) dreht sich scheinbar der ganze Himmel. Der Drehpunkt liegt dicht beim Polarstern im Himmelspol. Die in der Nähe des Polarsterns befindlichen Sterne gehen daher nie unter (z. B. Großer Bär, Kassiopeia). Sie sind zirkumpolar. Im östlichen Teil des Horizonts erscheinen im Laufe einer Nacht immer neue Sterne, erreichen im Süden ihre höchste Stelle (Kulmination) und gehen im westlichen Teil unter. So verändert sich unser Sternhimmel allmählich im Laufe der Nacht.

Die Sterne beschreiben bei ihrer nächtlichen Wanderung verschieden große Bögen, ähnlich den Tagbögen der Sonne.

Zweite Bewegung

Da sich die Erde um die Sonne dreht (Revolution), verändert sich der Sternhimmel im Laufe eines Jahres. Wir sehen daher zu jeder Jahreszeit bestimmte Sternbilder (z.B. Sommersternbilder, Wintersternbilder).
Diese doppelte Veränderung des Sternhimmels macht die Beobachtung nicht leicht. Mit Hilfe der im Verlag für Lehrmittel Pößneck erhältlichen Drehbaren Sternkarten kann abgelesen werden, wann und wo am Himmel die Sternbilder zu sehen sind. Die Übersicht auf Seite 13 zeigt, wann die wichtigsten Sternbilder am Abend zwischen 18 und 22 Uhr zu sehen sind. Zu den genannten Zeiten finden wir die Sternbilder in südlicher Richtung.
Die Bögen der Sterne sind sehr unterschiedlich. Der Vermerk *t = tief* bedeutet, dass die betreffenden Sterne kürzere Zeit über dem Horizont sind als die Sterne mit dem Vermerk *h = hoch*, die bisweilen die Zenitgegend erreichen können. Bei manchen Sternbildern müssen wir uns daher beeilen, wenn wir sie sehen wollen.
Im Norden ist das Auffinden der Sternbilder einfacher: Für jede Jahreszeit nehmen Großer Bär und Kassiopeia eine ganz bestimmte Stel-

lung ein. Wir finden den Großen Bär am Abendhimmel (etwa zwei Stunden nach Sonnenuntergang) in folgender Lage:

Herbst:	tief im Norden (wie ein richtiger Wagen),
Winter:	mittlere Höhe über Nordost (Wagendeichsel zeigt nach unten),
Frühling:	über uns (Zenit),
Sommer:	mittlere Höhe über Nordwest (Wagendeichsel zeigt nach oben).

Sternbilder		18 Uhr	19 Uhr	20 Uhr	21 Uhr	22 Uhr
Orion Stier Fuhrmann	m m h	Mitte März	Ende Februar	Mitte Februar	Ende Januar	Mitte Januar
Großer Hund Kleiner Hund Zwillinge	m m h	–	–	Anfang März	Ende Februar	Anfang Februar
Löwe	m	–	–	–	Ende April	Anfang April
Jungfrau	m	–	–	–	–	Mitte Mai
Bootes Nördl. Krone	h h	–	–	–	–	Ende Mai
Schwan Leier Adler	h h m	Ende Oktober	Anfang Oktober	Ende September	Anfang September	Ende August
Pegasus Andromeda	h h	Ende Dezember	Mitte Dezember	Ende November	Mitte November	Ende Oktober
Fische Widder Walfisch	m m m	Ende Januar	Anfang Januar	Ende Dezember	Anfang Dezember	Ende November

t = tief, m = mittelhoch, h = hoch

Das Sternbild Kossiopeia befindet sich immer dem Großen Bär gegenüber. Zieht man eine Verbindungslinie, so liegt auf ihr in der Mitte der Polarstern (Nordstern). Ein großer Kompass am Himmel ist der Große Wagen, von dem wir den Polarstern finden, indem wir den Abstand der beiden hinteren Kastensterne um das Fünffache verlängern.

Das Lehrquartett als Sternkarte

Außer den bekannten Möglichkeiten des Quartettspiels können wir die Spielkarten zu Sternkarten zusammenlegen. Erst wenn mehrere Karten beieinander liegen, macht es besonderen Spaß. Dann erkennt man die großen Zusammenhänge am Sternbilderhimmel.
Am einfachsten ist es mit den zirkumpolaren Sternbildern, den sogenannten Polumläufern. Durch Drehen des Kartenfeldes lässt sich die tägliche scheinbare Bewegung nachahmen. In sechs Stunden bewegen sich diese Sternbilder um einen Viertelkreis (90°) entgegen dem Uhrzeiger. Wir merken uns: Der Große Wagen fährt immer rückwärts – er besitzt keinen Vorwärtsgang.
Ferner können wir die großen Figuren für die einzelnen Jahreszeiten zu Sternkarten zusammenfügen:

Wintersechseck

Rigel (Orion)
Sirius (Großer Hund)
Prokyon (Kleiner Hund)
Kastor-Pollux (Zwillinge)
Kapella (Fuhrmann)
Aldebaran (Stier)

Frühlingsdreieck

Regulus (Löwe)
Spica (Jungfrau)
Arktur (Bootes)

Sommer-Herbst-Dreieck

Deneb (Schwan)
Wega (Leier)
Atair (Adler)

Die Figuren beziehen sich jeweils auf die hellsten Sterne der genannten Sternbilder. Zu beachten ist noch, dass bei den Tierkreissternbildern Vermerke angebracht sind, zu welchen Jahreszeiten diese gehören. Neben den deutschen Bezeichnungen der Sternbilder sind auch die lateinischen angegeben, wie diese in der Astronomie verwendet werden. Sonne, Mond und die Planeten bis Saturn bilden die Spielmarken für die acht Quartette.
Eine interessante und reizvolle Beschäftigung ist das Zusammenlegen des Tierkreises. Ent-

lang der Tierkreislinie (Ekliptik) bewegen sich Sonne, Mond und Planeten. Nur in diesem Gebiet des Himmels können wir diese Himmelskörper sehen. Bei der Sonne ist dies natürlich wegen ihrer Helligkeit nicht möglich. Es kommt daher niemals vor, dass wir einen Planeten beispielsweise vor dem Sternbild Großer Bär oder Schwan beobachten können.
Die Tierkreislinie schlängelt sich beiderseits des Himmelsäquators und beginnt beim Frühlingspunkt im Sternbild Fische. Die Reihenfolge der Tierkreissternbilder ist an einer Zahl zu erkennen und verläuft entgegen der Schreibrichtung, also von rechts nach links. Mit Hilfe dieser Tierkreiskarte lassen sich die Stellungen des Mondes und der Planeten gut verfolgen. Die Bewegungsgeschwindigkeit ist sehr unterschiedlich. Der Mond durchläuft in 27,3 Tagen den ganzen Himmel, der Planet Jupiter benötigt dafür schon 12 Jahre und der Ringplanet Saturn fast 30 Jahre.

Noch einige Hinweise zur Beobachtung

Gute Hilfen für die Orientierung am Himmel sind die hellen Sterne. Es wird empfohlen, bereits in der Dämmerung, wenn noch nicht zu viel Sterne am Himmel sind, mit dem Beobachten zu beginnen. Der Große Bär sei der Ausgangspunkt unserer Sternwanderung.

Blickt man in Richtung Norden, so hat man Süden im Rücken.
Die Sternbilder mit den helleren Sternen sind vorerst am wichtigsten. Erst dann versuchen wir es mit den weniger auffälligen Sternbildern (z.B. Krebs, Rabe, Becher, Waage, Drache). Die Augen benötigen zum Anpassen an die Dunkelheit etwa zehn Minuten, deshalb brauchen wir etwas Geduld, wenn zuerst noch nicht alle Sterne erkennbar sind.
Alle Sternkarten, Himmelsgloben und selbst das Planetarium sind nur ein Ersatz für den wirklichen Sternhimmel. Denken wir also immer daran, dass der Sternhimmel mit seinen Figuren viel größer und weiter ist, als es die Sternkarten zeigen! Unsere Spielkarten sind winzige Abbilder der großen und schönen Natur.
Wir wünschen viel Erfolg und Freude mit dem Lehrquartett und hoffen, mit dessen Hilfe die Welt der fernen Sterne etwas näher zu bringen.

Die Einzelquartette

Zirkumpolare Sternbilder
Spielmarke: Mond

1 Großer Bär (Großer Wagen – Ursa Maior)

Kein anderes Sternbild ist so bekannt wie die-

ses. Sieben helle Sterne bilden deutlich die Figur eines Wagens. Die griechische Sage deutet dieses Sternbild anders: Gemeinsam mit mehreren schwächeren Sternen ist es ein Bär. Die Nymphe Callisto wurde von der Göttermutter Hera in eine Bärin verwandelt; der Göttervater Zeus machte sie unsterblich und versetzte sie an den Himmel. Hera war darüber sehr erzürnt und veranlasste, dass die Bärin niemals im Ozean baden und sich erfrischen durfte. Tatsächlich verschwindet dieses Sternbild bei der täglichen Himmelsdrehung nicht unter dem Horizont.
Der vorletzte Deichselstern Mizar bildet eine Besonderheit. Dicht darüber sehen wir das schwache Sternchen Alkor, das Reiterlein. Alkor und Mizar werden auch als "Augenprüfer" bezeichnet. Kann man diese beiden Sterne getrennt sehen, sind die Augen in Ordnung. Zwei weitere wichtige Sterne sind die beiden hinteren Sterne des Wagenkastens. Verlängert man den Abstand dieser beiden Sterne fünfmal, so gelangt man zu einem Stern mittlerer Helligkeit, dem Polarstern, der aber schon zum Sternbild Kleiner Bär (Kleiner Wagen) gehört.

2 Kleiner Bär (Kleiner Wagen – Ursa Minor)

Im Gegensatz zum Großen Wagen ist es hier nicht so leicht, die Figur eines Wagens zu erkennen. Die Sterne sind bedeutend lichtschwä-

cher, die Deichsel zeigt beinahe in die entgegengesetzte Richtung wie beim Großen Wagen.
Der Polarstern bildet das äußerste Ende der Deichsel des bedeutend kleineren Himmelswagens. Als Nordstern und scheinbarer Drehpunkt des Himmels ist der Polarstern ein sehr wichtiger Stern. Beim Aufsuchen der Himmelsrichtungen im Gelände ist er eine große Hilfe. Unsere Erdachse zeigt im Weltraum fast auf den Polarstern. Aus diesem Grund erscheint es uns, als würde sich der gesamte Himmel um diesen Stern drehen. Kein Wunder, dass dieser Stern in den Sagen vieler Völker eine wichtige Rolle spielt. Im alten Babylonien sah man dort die Spitze der Himmelskuppel. Bei den Chinesen war dieser Stern eine Göttin, die alle Lebenden und Toten in einer Liste erfasst hatte. Und für die Indianer Südamerikas war es ein Affe, der mit der Schwanzspitze am Himmelsdrehpunkt hing.

3 Kassiopeia (Cassiopeia)

Gegenüber dem Großen Wagen ist deutlich eine Figur zu erkennen, die dem Buchstaben W ähnelt. Dieses Sternbild besteht aus hellen Sternen und liegt inmitten der Milchstraße. Die Kassiopeia gehört zu der Sage, über die das Einzelquartett Herbststernbilder (Andromeda, Perseus, Pegasus, Walfisch) eindrucksvoll be-

richtet. Sie war die eitle Gemahlin des Königs Kepheus, die schöner als alle Nymphen des Meeres sein wollte.
Beim Kennenlernen des Sternhimmels sollte man den Großen Wagen und die Kassiopeia zuerst suchen.

4 Drache (Draco)

Mit vielen schwachen Sternen umspannt der Drache in einem großen Bogen den Kleinen Bär. Den Drachenkopf bildet ein zierliches Viereck unweit des hellen Sterns Wega in der Leier. Bei den Römern nannte man dieses Sternbild Schlange.
Die Griechen erblickten darin die Figur eines Drachens, der einen Baum mit goldenen Äpfeln bewachen sollte. Der Held Herkules sollte die Äpfel holen, was ihm aber nur durch einen Trick gelang. Der Riese Atlas schläferte den Drachen ein, und Herkules kam so zu seinen goldenen Äpfeln.
Großer und Kleiner Bär, Kassiopeia und Drache sind vom scheinbaren Drehpunkt des Himmels (Himmelspol) nicht weit entfernt, sodass sie niemals untergehen können. Sie werden zirkumpolare Sternbilder (Polumläufer) genannt.

Frühlingssternbilder
Spielmarke: Sonne

1 Bootes (Bootes)

Die Erdmutter Demeter beauftragte ihren Sohn Polymelos, welcher den Pflug erfunden hatte, die Erde zu bestellen. Aus Bewunderung und Dankbarkeit versetzte sie ihn an den Himmel. Bootes (sprich Bo-ó-tes) bedeutet Ochsen- oder Rindertreiber. Die sieben hellen Sterne des Großen Wagens sind seine Dreschochsen. Eine andere Deutung der Sternbildersage steht im Zusammenhang mit dem Großen Bär. Bootes wird als Arkas, Sohn der Nymphe Callisto, angesehen. Dieser muss die Bärin bewachen und vor sich hertreiben. Die Form des Sternbildes ähnelt einem Papierdrachen (Deltoid) wie er zum Drachensteigen verwendet wird. Der helle, rötlich-gelbe Stern Arktur ist leicht zu finden. Man braucht nur den Bogen der Wagendeichsel des Großen Wagens weiterzuführen. Arktur ist der hellste Stern der nördlichen Himmelshalbkugel. Er strahlt aus 36 Lichtjahren Entfernung. Seine Leuchtkraft übertrifft die der Sonne um das 80-fache. Mit 4.000 °C ist seine Oberflächentemperatur aber bedeutend niedriger.

2 Nördliche Krone (Corona Borealis)

Ein kleiner zierlicher Halbkreis wird von sieben

schwächeren Sternen gebildet. Unter ihnen ist Gemma, der Edelstein, der hellste, der etwa die Helligkeit des Polarsterns erreicht. Die Gestalt des Sternbildes erinnert an einen Stirnreif (Diadem), den der Gott des Weines Bacchus der Königstochter Ariadne an den Himmel warf, um sie von seinem göttlichen Ursprung zu überzeugen.

3 Rabe (Corvus)

Der Rabe ist eines der zahlreichen, weniger bekannten und "unscheinbaren" Sternbilder, ein kleines Viereck unterhalb des Sternbildes Jungfrau, zu dem noch dicht darunter ein weiterer Stern gehört.

4 Becher (Crater)

Rechts an den Raben schließt sich ein ebenfalls kleines Sternbild an, welches aus neun schwächeren Sternen besteht, der Becher. Rabe und Becher sind im Frühjahr am Abendhimmel zu sehen.
Jedoch sind ihre Sichtbarkeitsbögen nicht groß. Selbst im Süden stehen sie nicht allzu hoch.
Der römische Dichter Ovid erzählt über Rabe und Becher im Zusammenhang mit der Wasserschlange (Hydra) folgendes: Apollo hatte den Raben ausgesandt, um von einer Quelle klares Wasser zum Götterfest zu holen. Mit einem goldenen Becher in den Krallen flog der

Bote davon und ließ sich an einem Feigenbaum nieder. Die Früchte des Baumes waren jedoch noch unreif und hart. Der Rabe vergaß seinen Auftrag und wartete sehnsüchtig, bis die Früchte reif waren. Für seine Verspätung erfand er eine Ausrede und brachte eine große Wasserschlange zu Apollo. Diese habe ihn am Schöpfen des Wassers aus der Quelle gehindert und habe dann selbst das Wasser ausgetrunken. Apollo aber ließ sich von dem Geschwätz nicht täuschen, verwünschte sie alle und versetzte den Raben, den Becher sowie die Wasserschlange an den Himmel.

Sommersternbilder
Spielmarke: Merkur

1 Schwan (Cygnus)

Neben mehreren schwächeren Sternen sind zwei Linien, die sich kreuzen, deutlich zu erkennen. Vielfach wird dieses Sternbild deshalb auch "das Kreuz des Nordens" genannt. Die Griechen haben diese Sterngruppe als Vogel, später als Schwan bezeichnet, der mit seinem langgestreckten Hals den Weltraum durchfliegt. Der hellste Stern Deneb, der Schwanzstern des Schwans, ist ein Riesenstern mit einer 100.000-fachen Sonnenleuchtkraft. Seine Entfernung beträgt 1.600 Lichtjahre. Am anderen

Ende der Körperachse befindet sich Albireo, der Kopfstern. Schon in einem kleinen Fernrohr bemerkt man einen farbigen Doppelstern, der aus einem bläulichen und einem rötlich-gelben Stern besteht.
Im Sternbild Schwan verzweigt sich die Milchstraße, die dort mehrere interessante Stellen, wie helle Nebelflecke und dunkle Gebiete, sogenannte Kohlensäcke, aufweist.

2 Leier (Lyra)

Es ist ein winziges Sternbild, das man übersehen würde, wäre hier nicht der dritthellste Stern, den wir bei uns sehen, die Wega. Mit einer Entfernung von 28 Lichtjahren ist Wega – verglichen mit Deneb im Schwan – nicht sehr weit entfernt. Ihr weißes Licht deutet auf eine Temperatur von 10.000 °C (Sonne: 6.000 °C). Die übrigen, weitaus schwächeren Sterne bilden ein kleines Viereck. Wega ist nur nördlich der geogr. Breite zirkumpolar, wenn sie im Winter dicht über dem Nordhorizont ihre Bahn zieht.
Die griechische Bezeichnung Chélys bedeutet "Schildkrötenpanzer", aus dem der Götterbote Merkur ein Saiteninstrument herstellte und es dem Sänger Orpheus schenkte. Nach seinem Tode setzte Zeus das Musikinstrument unter die Sterne.

3 Adler (Aquila)

In der griechischen Sagenwelt wird der Adler als Bote des Göttervaters Zeus dargestellt. Auch in der bekannten Prometheussage spielt er eine Rolle. Zeus war über Prometheus, der die Menschen geschaffen und ihnen das Feuer gegeben hatte, erbost. Er sah darin eine Überlistung der Götter und ließ ihn zur Strafe an einen Felsen schmieden. Ein Adler zehrte von der Leber des Gefangenen und bereitete ihm beständig große Qualen. Herkules befreite Prometheus, indem er den Adler tötete.
Der Hauptstern Atair (a-i getrennt sprechen) ist ein Stern der Helligkeitsklasse 0, von der Größe unserer Sonne in 16 Lichtjahren Entfernung. Das Sternbild Adler liegt in der Milchstraße, wo die hellen, wolkenartigen und dunklen Gebiete besonders eindrucksvoll sind. Mit Hilfe eines Feldstechers kann man das Lichtgewölk in zahlreiche Einzelsterne auflösen.
Die hellen Sterne Deneb, Wega, Atair bilden das Sommer-Herbst-Dreieck, das vom Juni bis November am Abendhimmel zu sehen ist.

4 Herkules (Hercules)

Die nur mäßig hellen Sterne verteilen sich über einen weiten Bereich. Einige davon bilden ein Viereck, von dessen Enden strahlenförmige Linien zu den anderen Sternen verlaufen. Ein guter Feldstecher oder ein kleines Fernrohr

zeigen einen zarten Lichtfleck. Etwa 1/2 Million Sterne bilden, 3.300 Lichtjahre von uns entfernt, eine Zusammenballung, den Kugelsternhaufen M 13.
Herkules, mit ungeheuerer Kraft ausgestattet, war der Sohn des Göttervaters Zeus. Über alle seine Heldentaten zu berichten, würde hier zu weit führen. Die Araber gaben dem untersten Stern die Bezeichnung "Ras Algethi", was "Kopf des Knienden" bedeutet. Herkules erscheint uns am Himmel nicht als aufrecht stehender Held, sondern weist mit dem Kopf noch unten.

Herbststernbilder

Spielmarke: Venus

1 Andromeda (Andromeda)

Mit Kassiopeia und Cepheus bilden Andromeda, Perseus, Pegasus und der Walfisch das schönste "Sagengemälde" am Sternbilderhimmel. Die Königstochter Andromeda musste die Äußerung ihrer Mutter Kassiopeia, sie sei bedeutend schöner als die Töchter des Meeresgottes Nereus, schwer büßen. Nachdem ein Meeresungeheuer das Land verwüstet und das Volk in schwere Bedrängnis gebracht hatte, wurde das Orakel befragt. Zur Rettung des Landes musste Andromeda geopfert werden. Sie wurde am Meeresufer an einem Felsen

angeschmiedet und dem Ungeheuer preisgegeben.
Vier Sterne der 2. Helligkeitsklasse bilden eine Reihe. In der Nähe des 2. Sterns von links befindet sich ein ganz schwacher, länglicher Lichtfleck, der Andromedanebel. Es handelt sich um ein Milchstraßensystem (Galaxis) aus über 300 Milliarden Sternen in einer Entfernung von 2,3 Millionen Lichtjahren.

2 Perseus (Perseus)

In der größten Gefahr kam Perseus, Sohn des Zeus und der Danae, Andromeda zu Hilfe. Mit seinen schnellen Flügelschuhen eilte er vom äußersten Ende der Welt zurück, wo er der Gorgo Medusa, einem Ungeheuer von grauenerregendem Aussehen, das Haupt abgeschlagen hatte. Dieses Haupt trug Schlangen statt Haare; wer es ansah, versteinerte. Mit seiner Hilfe gelang es Perseus, das Meeresungeheuer zu erschlagen. Er befreite die schöne Andromeda und gewann sie zur Frau.
Dieses Sternbild ähnelt einem umgekippten Y. Der zweithellste Stern Algol (Teufelsstern) zeigt deutlich einen Wechsel seiner Helligkeit über mehr als eine Helligkeitsklasse. Es ist ein "Bedeckungsveränderlicher"; alle 2 Tage, 20 Stunden, 49 Minuten "verfinstert" ein dunkler Begleiter für etwa 10 Stunden den Stern.
Zwischen Perseus und Kassiopeia kann man

mit einem Feldstecher die Sternhaufen h und chi beobachten.

3 Pegasus (Pegasus)

Als Perseus der Gorgo das Haupt abgeschlagen hatte, entsprang ihrem Rumpf ein geflügeltes Pferd, der Pegasus. In der griechischen Sage sollen sich die Dichter mit dem Flügelross in die Höhen edler Gedanken erhoben haben. "Vom Pegasus beflügelt" hört man heute oft scherzhafterweise, wenn jemand zu dichten versucht.
Das Sternbild stellt mit seinen nicht sehr hellen Sternen ein großes Viereck dar, das im Herbst abends hoch am Himmel steht (Herbst-Viereck). Der linke obere Stern gehört jedoch bereits zur Andromeda.

4 Walfisch (Cetus)

In diesem Sternbild tritt uns das riesige Meeresungeheuer entgegen, dem Andromeda geopfert werden sollte. Der Walfisch umfasst ein großes Gebiet am Himmel und reicht weit zum Horizont. Der Kopf des Walfisches, ein kleines Parallelogramm, befindet sich bei den Sternbildern Fische und Widder. Bekannt ist Mira (der wunderbare Stern) im Walfisch, der 1596 von Fabricius (1564–1617) als erster veränderlicher Stern entdeckt wurde. In einem Zeitraum von 330 Tagen verändert sich sein Licht um das 1.000-fache. Nur während eines Lichtmaximums können wir Mira als Stern mittlerer Helligkeit sehen.

Wintersternbilder
Spielmarke: Erde

1 Orion (Orion)

Wie ein eingeschnürtes Trapez erstrahlt das Wintersternbild Orion, vielleicht das schönste Sternbild überhaupt. Die Sage berichtet darüber: Orion, der große Himmelsjäger, wollte mit seinen Pfeilen alle Tiere erlegen. Da griff die Jagdgöttin Diana ein und ließ Orion durch den Stich des Skorpions töten. So ist zu erklären, weshalb die zwei "feindlichen" Sternbilder niemals gleichzeitig am Himmel zu sehen sind.
Ordnet man die hellen Sterne der Figur zu, so sieht man, dass die oberen die Schulter, die unteren die Füße bilden. Die drei Sterne in der Mitte gehören zum Gürtel des Jägers.
Der rötliche Schulterstern Beteigeuze ist mit seinen 3.300 °C ein "kühler" Stern. Der weiße Fußstern Rigel ist mit 20.000 °C ein überaus heißer Stern. Unterhalb der Gürtelsterne sehen wir bei guten Luftverhältnissen einen schwachen Lichtfleck, den bekannten Orionnebel.
Gasmassen im Weltall bilden riesige Ansammlungen, aus denen sich in sehr langen Zeiträu-

men Sterne bilden.
Orion, der gegen den Stier kämpft, wird – wie es sich für einen richtigen Jäger gehört – von zwei Hunden begleitet.

2 Großer Hund (Canis Maior)

Dieses Sternbild, nicht so einprägsam wie der Orion, enthält aber den hellsten Stern des Himmels, den hell strahlenden Sirius.
Verlängert man die Linie der drei Gürtelsterne des Orion nach links unten, trifft man fast genau auf den "Funkelnden". So nannten ihn die Griechen. Bei den Römern war Sirius der Hundsstern. Sein Erscheinen am Morgenhimmel im Juli und August fiel in die heißeste Zeit des Jahres, die heute noch als "Hundstage" bezeichnet wird. Mit einer Entfernung von knapp neun Lichtjahren ist Sirius fast so etwas wie ein Nachbarstern unserer Sonne.

3 Kleiner Hund (Canis Minor)

Von diesem kleinen Sternbild ist nur ein Stern erwähnenswert: Prokyon, der Hauptstern, ist mit einer Entfernung von 11 Lichtjahren auch ein Nachbar unserer Sonne – jedoch von doppelter Größe.
Sein Name ist griechischen Ursprungs und bedeutet so viel wie "Vorhund", da er stets vor dem Sirius am Himmel erscheint.

4 Fuhrmann (Auriga)

Es ist das oberste der Wintersternbilder. Deutlich sind vier hellere Sterne zu erkennen. Der hellste Stern, Kapella, ist zirkumpolar und kann in den Sommernächten tief im Norden beobachtet werden. Kapella ist ein Riesenstern, der in seiner Beschaffenheit unserer Sonne ähnelt, 45 Lichtjahre von uns entfernt.
Über dieses Sternbild gibt es mehrere Sagen. Eine davon erklärt die Bezeichnung Kapella als "Zicklein". Es soll die Ziege Amalthea gewesen sein, die Zeus als Knaben mit Milch genährt hatte. Aus Dankbarkeit wurde sie später an den Himmel versetzt.

Tierkreissternbilder I
Spielmarke: Mars

In den Vorstellungen der alten Völker und in der Astrologie (Sterndeuterei) spielen die Tierkreissternbilder, wo sich Sonne, Mond und Planeten aufhalten, eine wichtige Rolle. Man teilte den Tierkreis in Abschnitte zu je 30° ein, die "Zeichen" genannt wurden. Heute stimmen Tierkreiszeichen und Tierkreissternbilder nicht mehr überein, sodass z.B. das Zeichen Widder im Sternbild Fische liegt. Die Tierkreiszeichen haben mit der heutigen wissenschaftlichen Astronomie nichts zu tun.
Steht z.B. die Sonne im Tierkreiszeichen Zwil-

linge, so ist dieses Sternbild mit den beiden daneben befindlichen nicht zu sehen, die Sonne überstrahlt diesen Teil des Himmels. Man merke sich auch: Die Sonne steht nicht in einem Sternbild, sondern vor einem Sternbild. Die Sternbilder bilden die ganz ferne Kulisse, während die Sonne mit einem Abstand von 150 Millionen km im Vergleich dazu recht nahe steht. Wäre die Sonne 36 Lichtjahre entfernt, könnte man sie nur noch als einen schwachen Stern erkennen.

1 Fische (Pisces)

Es ist kaum möglich, hier mit Hilfe der über ein Dutzend sehr schwacher Sterne irgendeine Figur zu erkennen. Zwei lange Sternketten laufen auseinander und bilden rechts ein kleines Oval. Die Sage erzählt von zwei Fischen, die durch ein Band verbunden sind. Bei ihrem scheinbaren Jahreslauf gelangt die Sonne jeden Monat vor ein anderes Sternbild. Es handelt sich um die bekannten zwölf Tierkreissternbilder, von denen sieben Tierdarstellungen sind. Im rechten Teil der Fische befindet sich die Sonne am 21. März zum Frühlingsbeginn. Dieser für die mathematische Astronomie sehr wichtige Punkt wird Frühlingspunkt (Widderpunkt) genannt.

2 Widder (Aries)

Der Widder ist ein sehr kleines Sternbild, das mit seinen drei Sternen wie ein Haken am östlichen Abendhimmel im Herbst erscheint. Der hellste Stern Hamal hat etwa die Helligkeit des Polarsterns, die beiden anderen sind schwächer. Ende April befindet sich die Sonne vor diesem Sternbild. Vor 2.000 Jahren begann der Tierkreis mit dem Widder.

3 Stier (Taurus)

Drohend richtet Orion seine Waffe gegen den Stier. Das blutunterlaufene Auge des Stiers, der rötlich-gelbe Hauptstern Aldebaran, blickt den Jäger an. Weit ragen die Stierhörner nach vorn, eine Ansammlung mehrerer Sterne bildet den Buckel des Stiers. In der griechischen Sage hatte sich Zeus in einen Stier verwandelt, um die Jungfrau Europa zu entführen. Mit ihr schwamm er durch das Meer noch Kreta.
Um den Aldebaran gruppieren sich die Hyaden, ein offener Sternhaufen. Dicht gedrängt stehen die Sterne des Siebengestirns oder der Plejaden beisammen. Oft wird dieser Sternhaufen mit dem Kleinen Wagen verwechselt. Mit dem bloßen Auge sieht man sechs bis acht Sterne, ein Feldstecher zeigt bereits etwa 30, im Fernrohr wird die Anzahl noch bedeutend größer. Tatsächlich gehören an die 400 Sterne zu diesem Sternhaufen, über den es viele Erzählun-

gen und Sagen gibt, wie die Gluckhenne mit ihren Kücklein, die sieben Brüder, die sieben Töchter des Atlas oder ein Wespennest.
Von Mai bis Mitte Juni befindet sich die Sonne vor dem Stier, erst im Spätherbst und im Winter ist dieses Sternbild am Abendhimmel wieder zu sehen.

4 Zwillinge (Gemini)

In einem länglichen Viereck befindet sich etwa ein Dutzend Sterne. Kastor und Pollux – beide nahezu gleich hell – schließen die Figur auf der linken Seite ab. Die beiden Hauptsterne bilden in der Sage die Köpfe zweier Söhne von Zeus. Sie zeichneten sich durch Mut und Kraft sowie durch große Bruderliebe aus.
An der rechten Grenze des Sternbildes Zwillinge steht die Sonne am Tage des Sommerbeginns, am 21. Juni.

Tierkreissternbilder II

Spielmarke: Jupiter

1 Krebs (Cancer)

Das Gebiet zwischen Zwillinge und Löwe erscheint fast sternenleer. Die äußerst schwachen Sterne haben recht sonderbare Namen, wie z. B. "Liegender", "Nördliches oder Südliches Eselchen". Aufmerksame Beobachter

werden einen schwachen Lichtfleck entdecken, den Sternhaufen Krippe oder Praesepe.
Der griechische Astronom Hipparch (190-125 v.u.Z.) sprach von der "kleinen Wolke". Erst Galilei konnte mit seinem Fernrohr an die 30 Sterne zählen. In Wirklichkeit umfasst dieser Sternhaufen 200 Einzelsterne. Ende Juli bis Anfang August wandert die Sonne an diesem Sternbild vorbei.

2 Löwe (Leo)

Hierbei handelt es sich um eine sehr einprägsame Figur: ein Trapez, der Körper des Löwen, darüber ein kleiner Halbkreis, der Kopf.
In einer Entfernung von 86 Lichtjahren befindet sich der Hauptstern Regulus, der "kleine König" – 100-mal heller als unsere Sonne.
Der zweithellste Stern, Denebola, bildet den Löwenschwanz.
Kein Pfeil vermochte das Fell des Löwen zu durchbohren, daher erwürgte der starke Held Herkules den Löwen mit bloßen Händen. Von Mitte August bis Mitte September wandert die Sonne an diesem Sternbild vorbei. Schon in den Winternächten kündet das Löwentrapez vom nahen Frühling.

3 Jungfrau (Virgo)

Dieses Sternbild gehört mit zu den größten am Himmel. Über ein weites Gebiet verteilen sich

die Sterne. Eine Figur ist dabei kaum zu erkennen. Der Hauptstern Spica, die "Kornähre", ist ein heißer Stern von 20.000 °C, 220 Lichtjahre entfernt. Die Jungfrau wurde stets als das Symbol der Fruchtbarkeit angesehen.
Spica, Regulus und Arktur bilden im Frühling ein großes, unregelmäßiges Dreieck – das Frühlingsdreieck.
Von Ende September bis Ende Oktober wandert die Sonne an diesem Sternbild vorüber. Dort befindet sich auch der Herbstpunkt, der Ort der Sonne am 23. September.

4 Waage (Libra)

Das Sternbild Waage besteht nur aus einigen schwachen Sternen, die früher zu den Scheren des Skorpions gehörten. Zu Ehren von Julius Cäsar (100 bis 44 v.u.Z.), der sich große Verdienste um die Kalenderreform erworben hatte, wurde dieses Sternbild geschaffen. Die Waage ist von altersher das Zeichen für die Gerechtigkeit gewesen. Von Anfang bis Mitte November hält sich die Sonne dort auf.

Tierkreissternbilder III

Spielmarke: Saturn

1 Skorpion (Scorpius)

Wegen der südlichen Lage am Himmel sehen

Erklärungen einiger Fachausdrücke

Ähnlich der Erdkugel stellt man sich die gedachte Himmelskugel vor, auch von einem **Gradnetz** überzogen. Dieses erleichtert die genaue Angabe der Sternörter.

Deklination

Winkelabstand eines Gestirns vom Himmelsäquator, vergleichbar mit der geographischen Breite.

Rektaszension

Winkelabstand eines Gestirns vom Frühlingspunkt, vergleichbar mit der geographischen Länge.

Ekliptik

Scheinbare jährliche Sonnenbahn am Himmel. Infolge der Bewegung der Erde um die Sonne wandert die Sonne scheinbar an den zwölf Tierkreissternbildern vorüber. In der Nähe der Ekliptik wandern Mond und Planeten.

Bilder
Heinz Rodewald

Wissenschaftliche Bearbeitung und Text
Arnold Zenkert

Verlag für Lehrmittel Pößneck
ISBN 978-3-7493-0273-4

Scheinbare
Sternhelligkeiten

Die Helligkeit der Sterne wird in Größenklassen angegeben.

Mit bloßem Auge kann man gerade noch die Sterne der 5. Größenklasse sehen. Sehr helle Sterne bekommen ein negatives Vorzeichen, z.B. Sirius $-1{,}4^m$ (m = magnitudo, Größe).

Auf unseren Spielkarten haben die Sterne entsprechend ihren Helligkeiten unterschiedliche Durchmesser. Diese Sternhelligkeiten sagen aber noch nichts über die wirklichen (absoluten) Helligkeiten, die der Astronom aus der scheinbaren Helligkeit und der Entfernung errechnen kann.

Scheinbare
Sternhelligkeiten

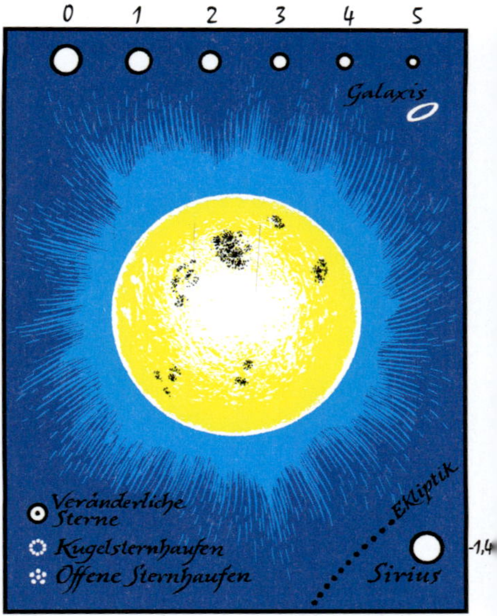

Sonne mit Korona und Fleckenbildung

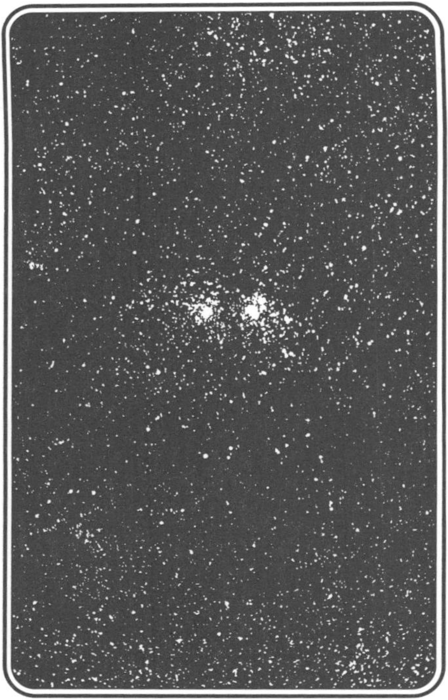

♄ 4

Tierkreissternbilder III

Wassermann

Skorpion
Schütze
Steinbock

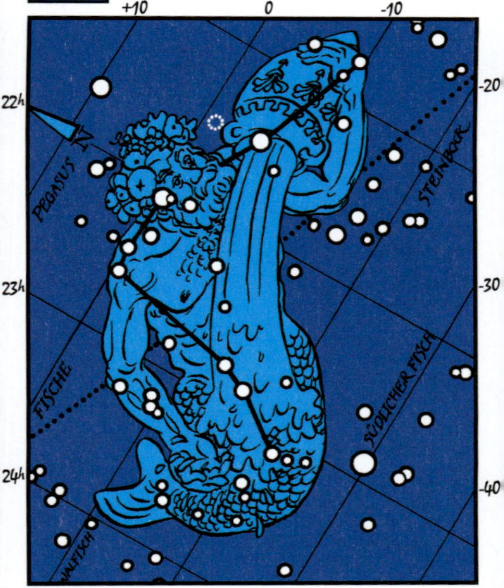

♄ 3

Tierkreissternbilder III

Steinbock ♑

Skorpion
Schütze
Wassermann

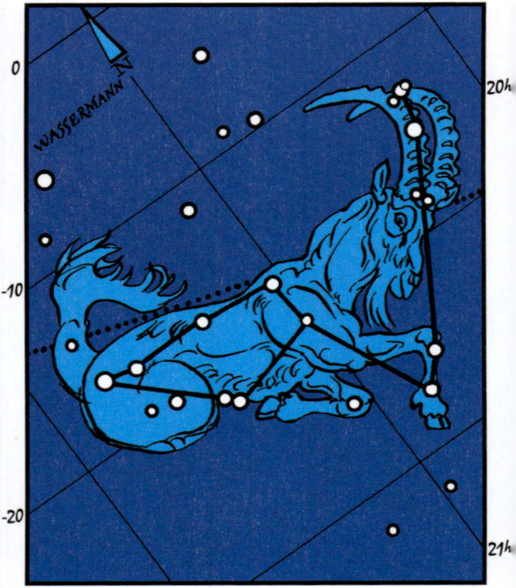

♄ 2

Tierkreissternbilder III

Schütze ♐

Skorpion
Steinbock
Wassermann

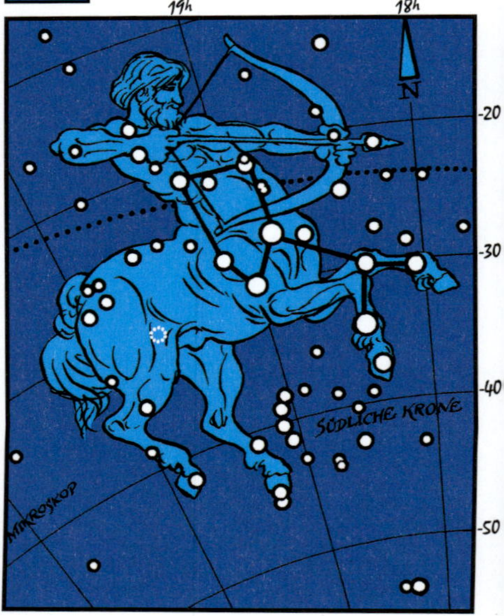

Tierkreissternbilder III

Skorpion ♏

Schütze
Steinbock
Wassermann

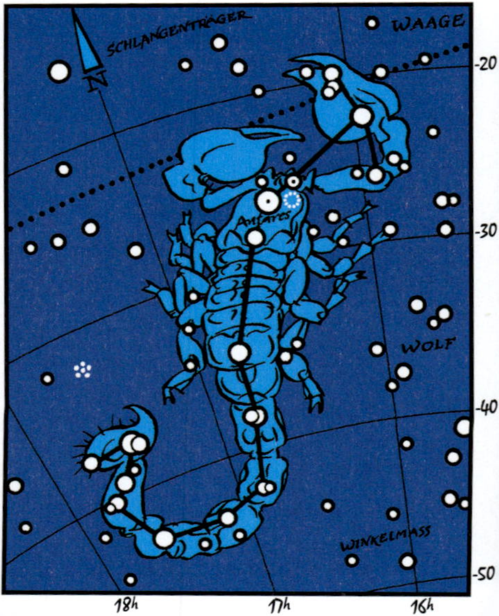

2 4

Tierkreissternbilder II

Waage ♎

Krebs
Löwe
Jungfrau

♃ 3

Tierkreissternbilder II

Jungfrau

♍

Krebs
Löwe
Waage

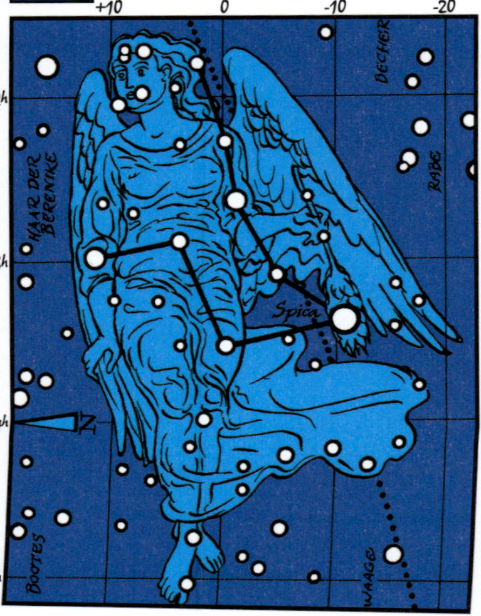

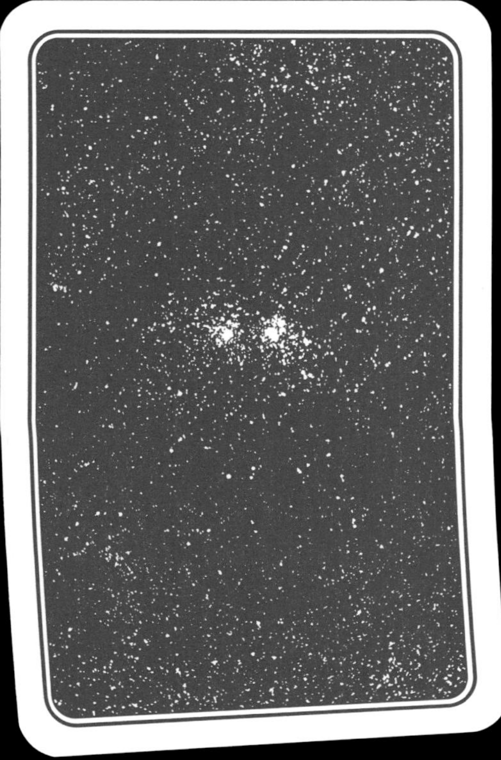

42

Tierkreissternbilder II

Löwe

♌

Krebs
Jungfrau
Waage

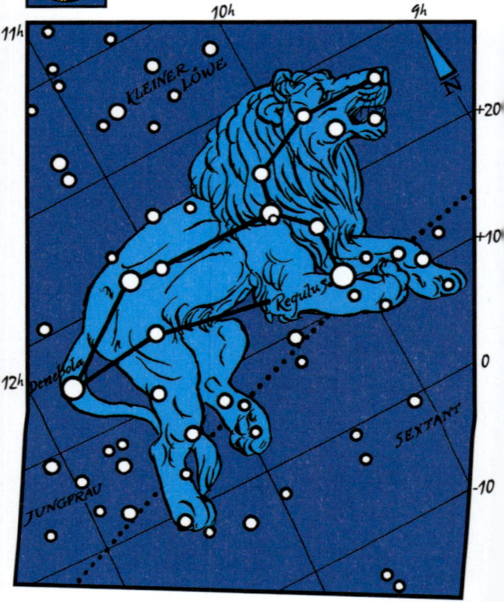

♃ 1

Tierkreissternbilder II

Krebs ♋

Löwe
Jungfrau
Waage

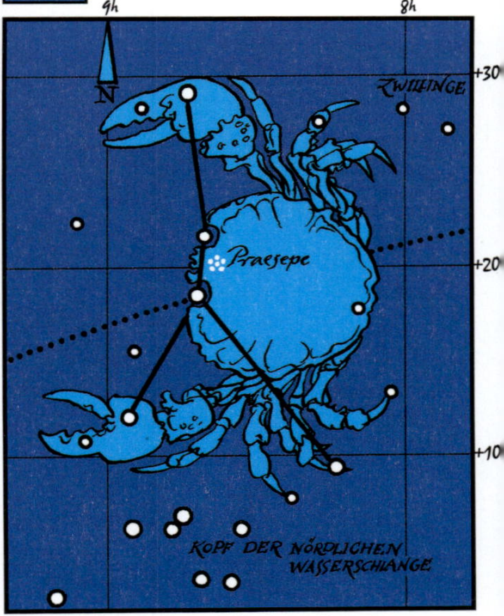

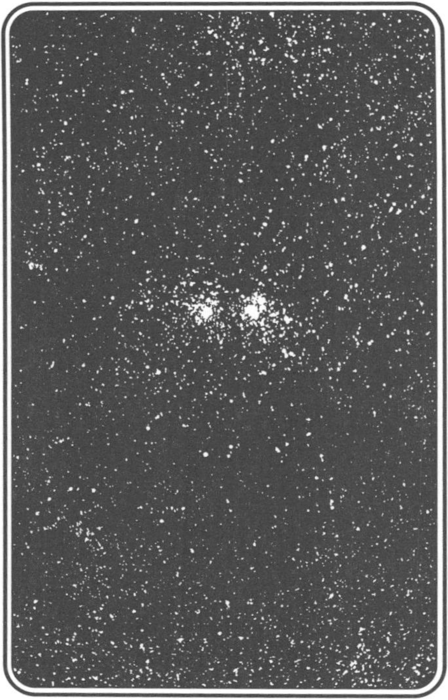

♂ 4

Tierkreissternbilder I

Zwillinge

♊

Fische
Widder
Stier

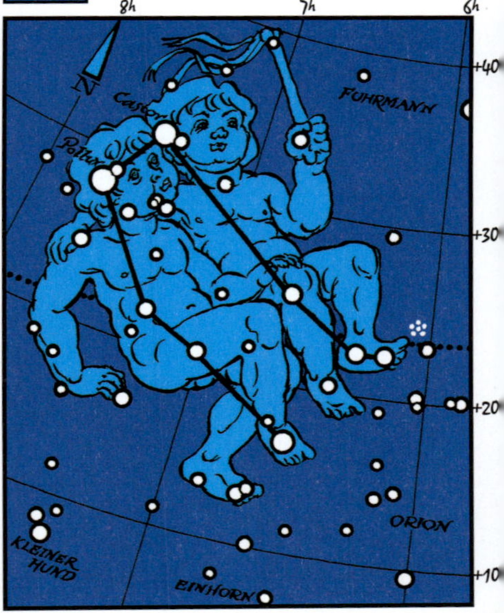

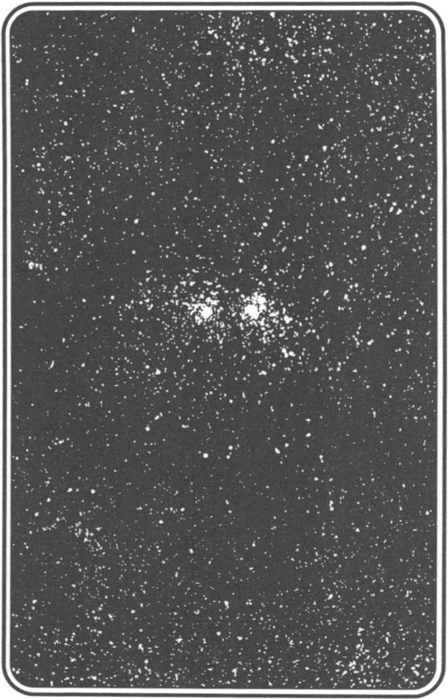

♂ 3

Tierkreissternbilder I

Stier

♉

Fische
Widder
Zwillinge

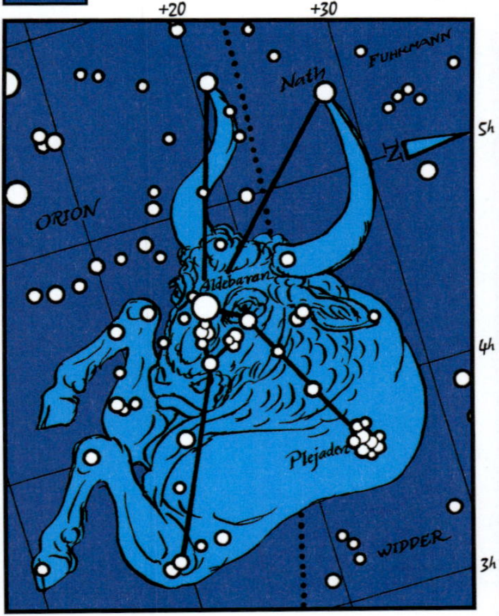

♂ 2

Tierkreissternbilder I

Widder

♈

Fische
Stier
Zwillinge

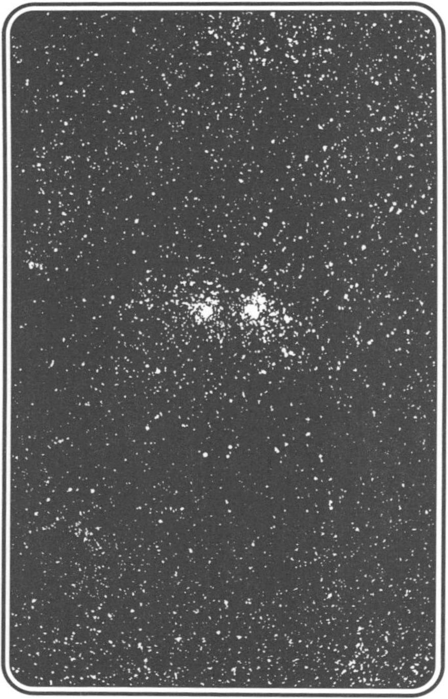

♂ 1

Tierkreissternbilder I

Fische

♓

Widder
Stier
Zwillinge

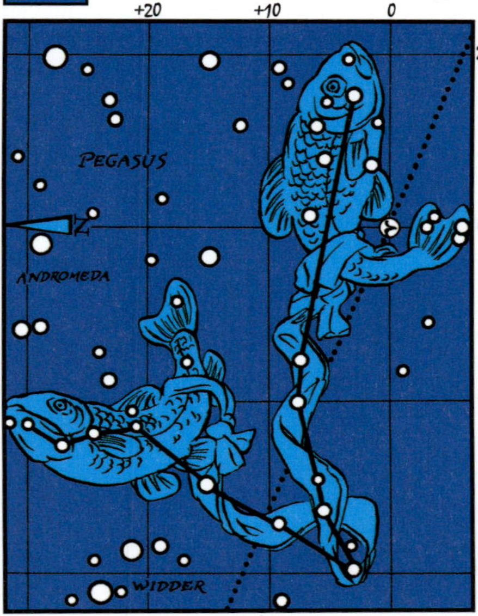

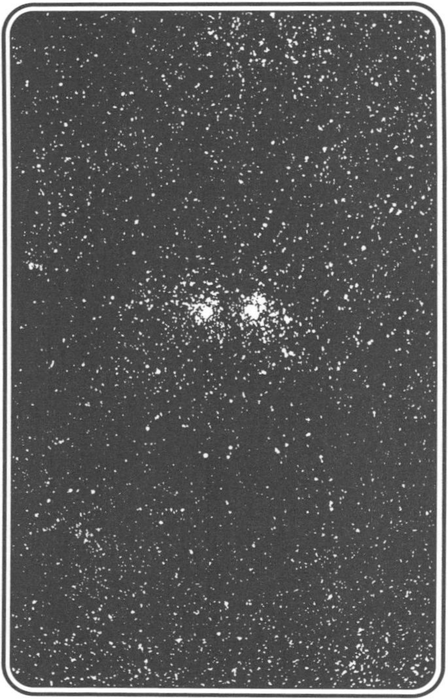

♁ 4

Wintersternbilder

Fuhrmann

Orion
Großer Hund
Kleiner Hund

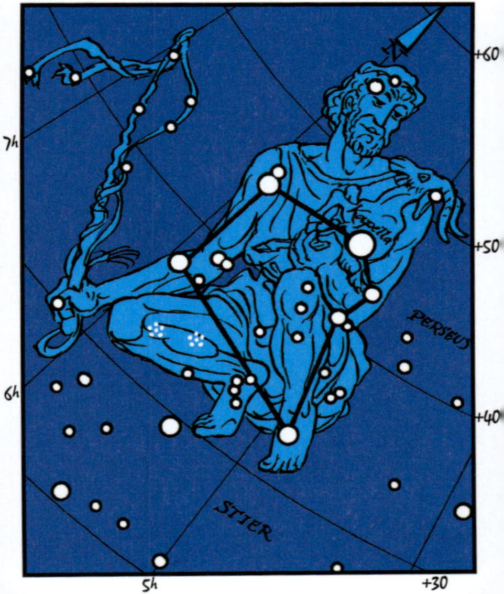

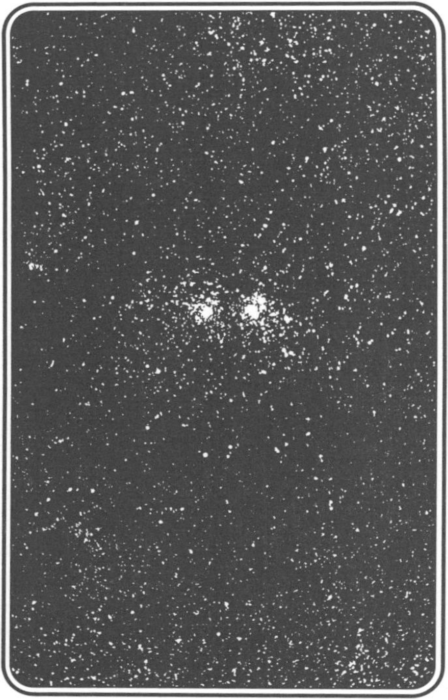

♁ 3

Wintersternbilder

Kleiner Hund

Orion
Großer Hund
Fuhrmann

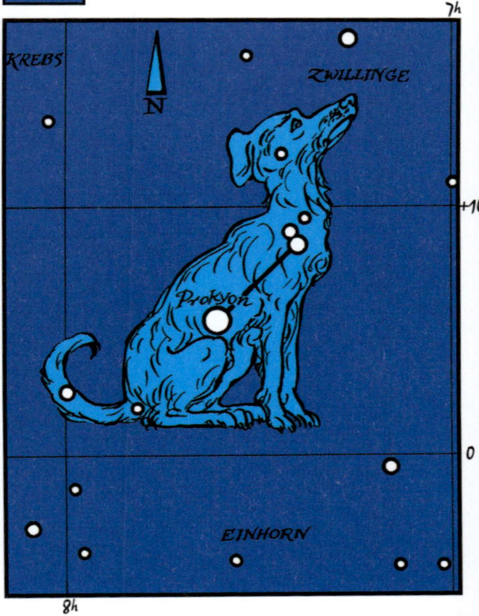

♁ 2

Wintersternbilder

Großer Hund

Orion
Kleiner Hund
Fuhrmann

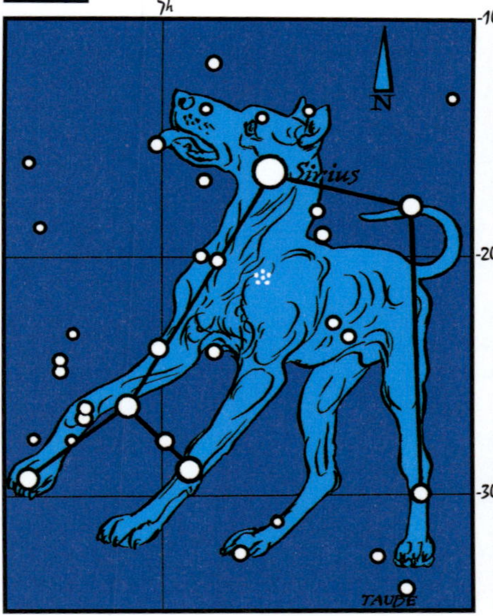

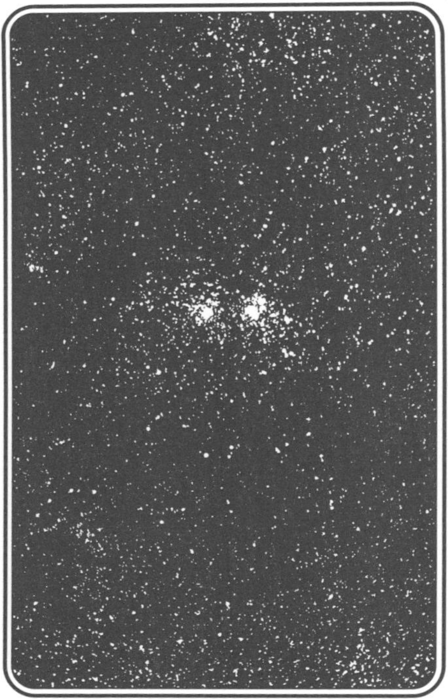

♁ 1

Wintersternbilder

Orion

Großer Hund
Kleiner Hund
Fuhrmann

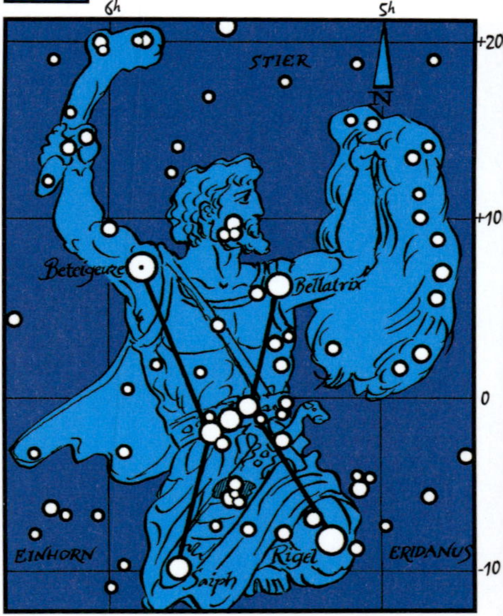

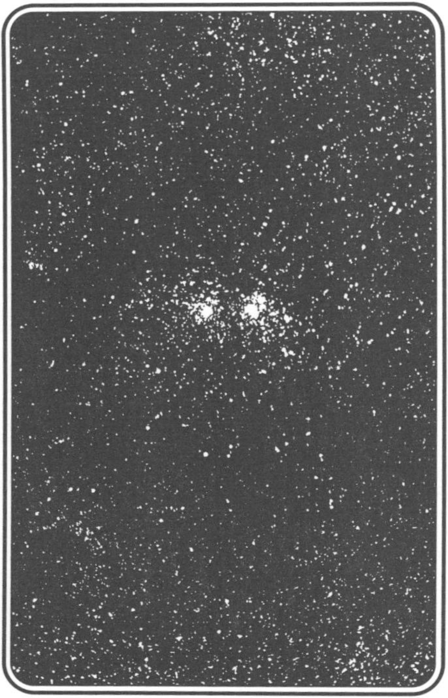

♀ 4

Herbststernbilder

Walfisch

Andromeda
Perseus
Pegasus

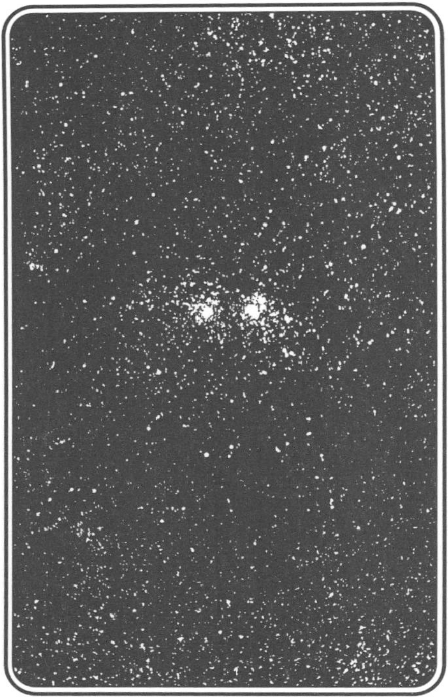

♀ 3

Herbststernbilder

Pegasus

Andromeda
Perseus
Walfisch

♀ 2

Herbststernbilder

Perseus

Andromeda
Pegasus
Walfisch

♀ 1

Herbststernbilder

Andromeda

Perseus
Pegasus
Walfisch

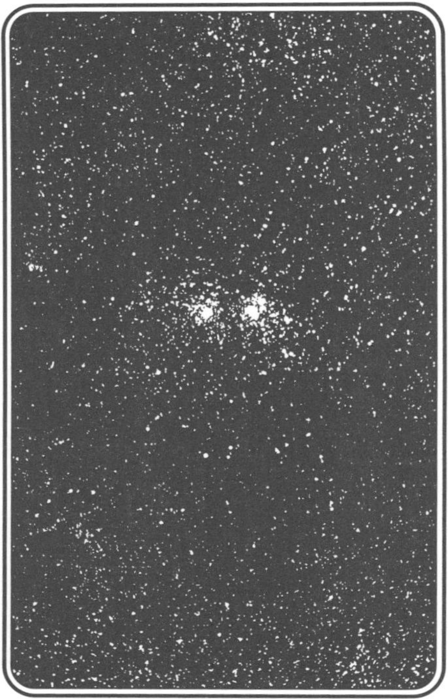

☿ 4

Sommersternbilder

Herkules

Schwan
Leier
Adler

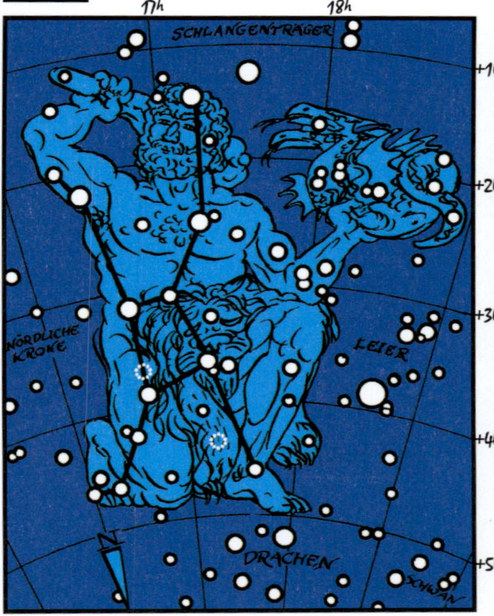

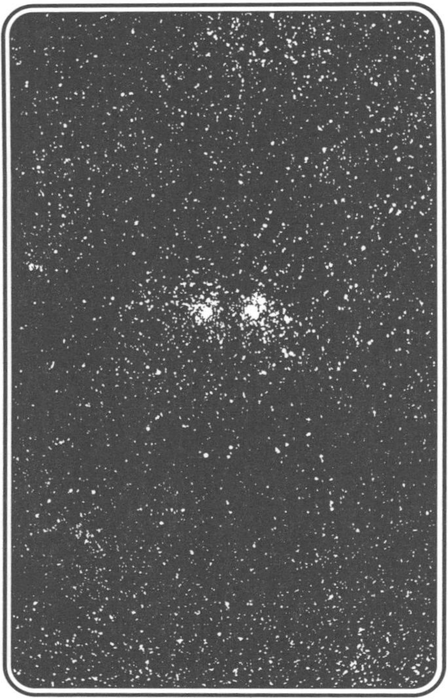

☿ 3

Sommersternbilder

Adler

Schwan
Leier
Herkules

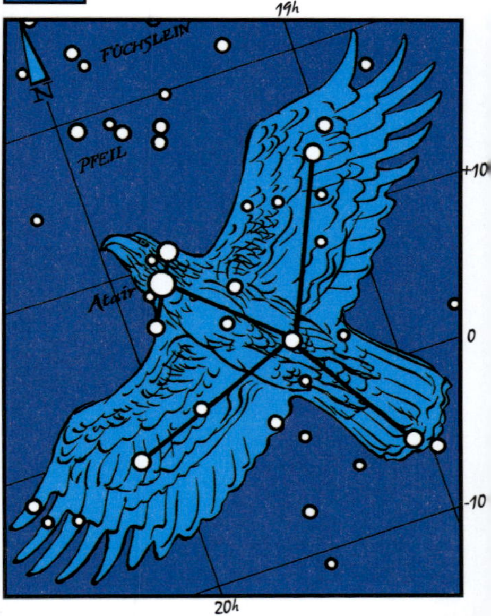

☿ 2

Sommersternbilder

Leier

Schwan
Adler
Herkules

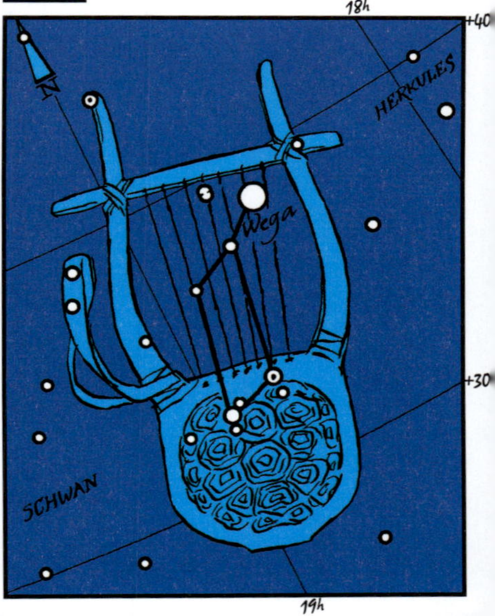

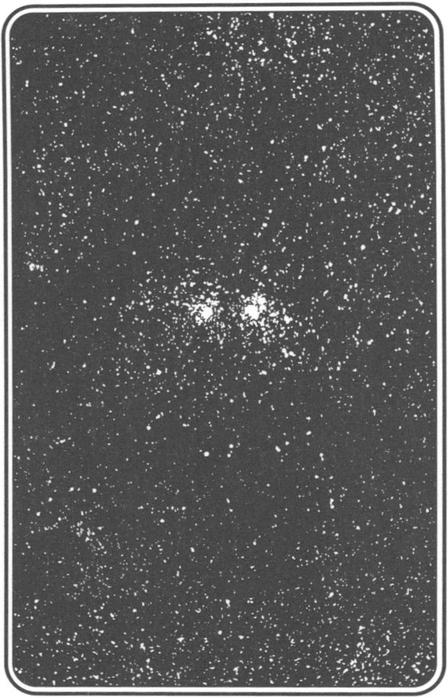

☿ 1

Sommersternbilder

Schwan

Leier
Adler
Herkules

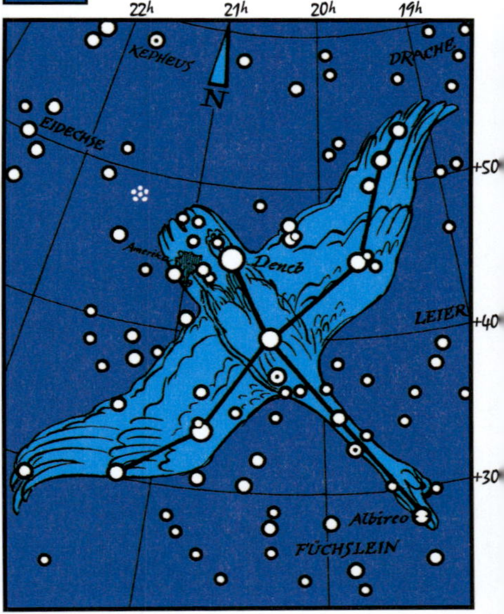

4

Frühlingssternbilder

Becher

Bootes
Nördliche Krone
Rabe

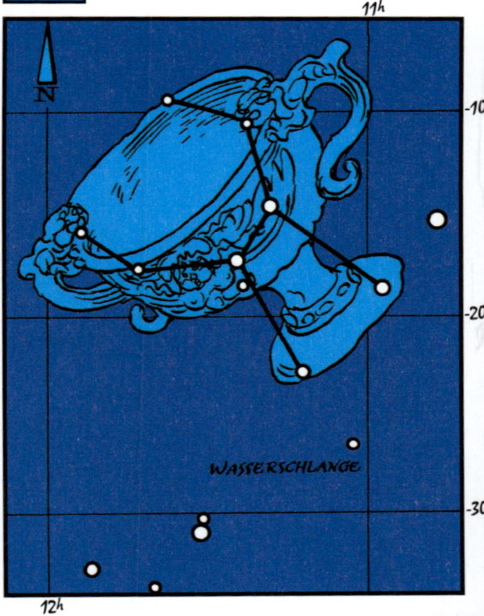

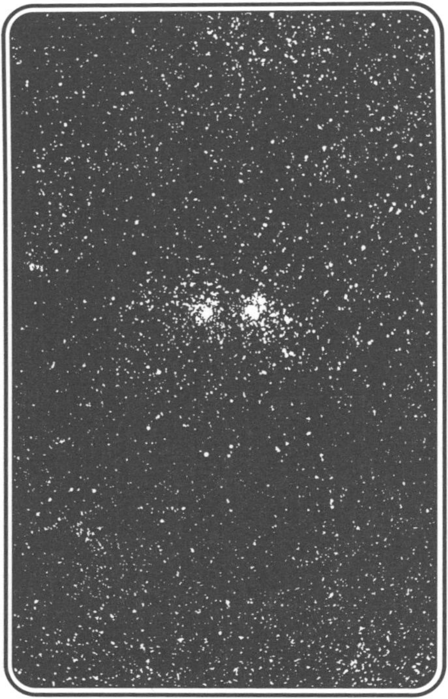

Frühlingssternbilder

Rabe

Bootes
Nördliche Krone
Becher

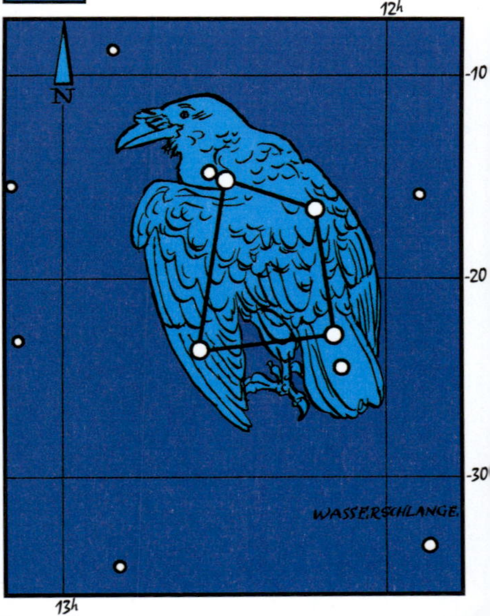

Frühlingssternbilder

Nördliche Krone

Bootes
Rabe
Becher

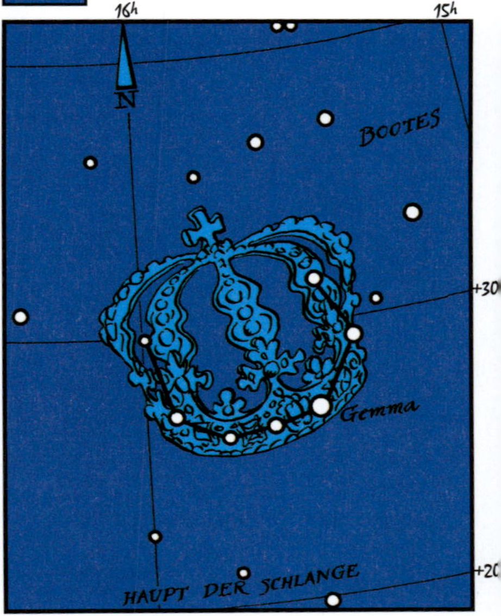

1

Frühlingssternbilder

Bootes

Nördliche Krone
Rabe
Becher

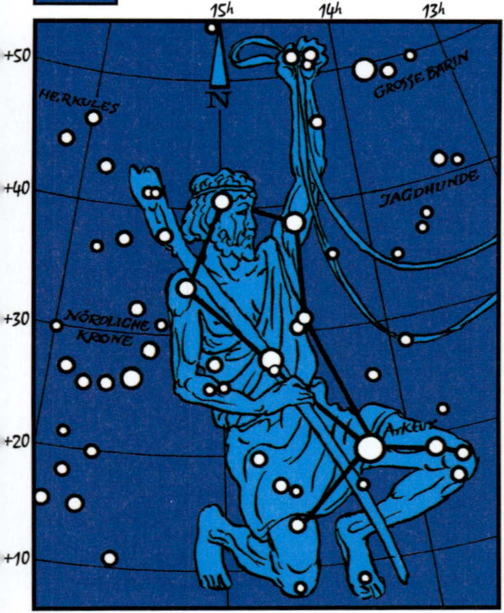

4 Zirkumpolare Sternbilder

Drache

Großer Bär
Kleiner Bär
Kassiopeia

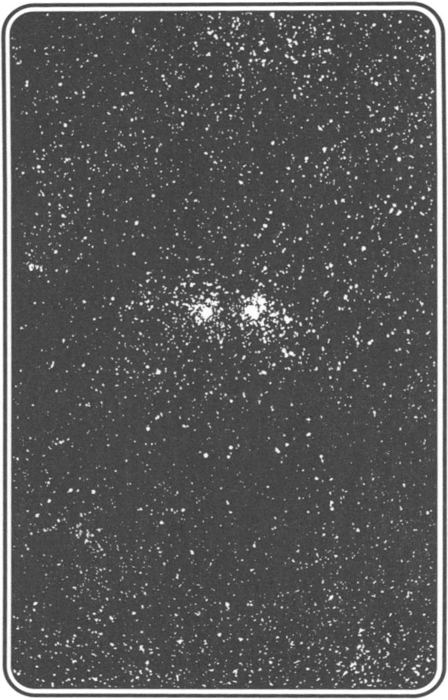

3 **Zirkumpolare Sternbilder**

Kassiopeia

Großer Bär
Kleiner Bär
Drache

2 Zirkumpolare Sternbilder

Kleiner Bär

Großer Bär
Kassiopeia
Drache

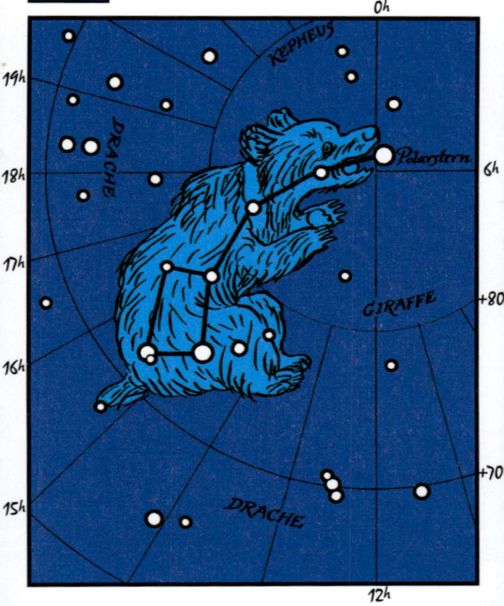